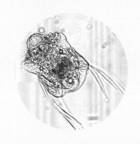

北京地区
常见水生动物图谱

张蕾 李垒 李昌 编著

中国水利水电出版社
www.waterpub.com.cn
·北京·

内 容 提 要

水生动物是指在水中生活的异养生物，它们自身不能制造食物，营养靠摄食植物、其他动物和有机残体。本书立足北京地区水资源、水环境、水生态特点，在水生态环境调查监测、评价研究、工程实践和查阅大量相关文献、资料的基础上，列举了常见鱼类33种、两栖动物2种、爬行动物1种、底栖动物7科、浮游动物15属。本书所选水生动物具有较高的生态价值，以图文并茂的方式编写而成，并简要介绍了一些主要特征、环境特性等内容。

本书可供渔业管理、水环境治理以及河湖生态修复的相关人员参考借鉴。

图书在版编目（CIP）数据

北京地区常见水生动物图谱 / 张蕾，李垒，李昌编著. -- 北京：中国水利水电出版社，2021.5
ISBN 978-7-5170-9571-2

Ⅰ. ①北… Ⅱ. ①张… ②李… ③李… Ⅲ. ①水生动物－北京－图集 Ⅳ. ①Q958.884.2-64

中国版本图书馆CIP数据核字(2021)第076907号

书　　名	北京地区常见水生动物图谱 BEIJING DIQU CHANGJIAN SHUISHENG DONGWU TUPU
作　　者	张蕾　李垒　李昌　编著
出版发行	中国水利水电出版社 （北京市海淀区玉渊潭南路1号D座　100038） 网址：www.waterpub.com.cn E-mail:sales@waterpub.com.cn 电话：（010）68367658（营销中心）
经　　售	北京科水图书销售中心（零售） 电话：（010）88383994、63202643、68545874 全国各地新华书店和相关出版物销售网点
排　　版	中国水利水电出版社微机排版中心
印　　刷	北京博图彩色印刷有限公司
规　　格	184mm×260mm　16开本　8印张　165千字
版　　次	2021年5月第1版　2021年5月第1次印刷
印　　数	0001—1500册
定　　价	**98.00元**

本书编委会

主　任　潘安君

副主任　杨进怀

成　员　孙凤华　李其军　刘春明　郝仲勇　孟庆义

　　　　郑凡东　石建杰　王丕才　刘金瀚　王培京

　　　　黄俊雄　马　宁　汪元元　杨　浩　李兆欣

　　　　战　楠　杨兰琴　严玉林　赵立新　何　刚

　　　　顾永钢　胡　明　窦　鹏　曹天昊

前 言

　　北京市地处华北平原北部，位于北纬 39° 56′、东经 116° 20′，为典型的暖温带半湿润大陆性季风气候，夏季高温多雨，冬季寒冷干燥，春、秋季短促。多年平均降水量 585 mm。土地面积 16410.54 km²，地势西北高、东南低。区域内河流均属海河流域，包括永定河水系、大清河水系、北运河水系、潮白河水系和蓟运河水系等。

　　水生动物是指在水中生活的异养生物，它们自身不能制造食物，营养靠摄食植物、其他动物和有机残体。本书主要列举北京地区常见鱼类 33 种、两栖动物 2 种、爬行动物 1 种、底栖动物 7 科、浮游动物 15 属。

　　本书编写过程中，在物种鉴定方面得到张春光老师、武其老师、陶敏博士的指导，在样品采集方面得到赵立新、李闯、王帅的协助，对他们所给予的帮助表示感谢。本书引用了大量的书籍和文献，在此向作者们表示衷心的感谢。

　　鉴于编写时间仓促，图谱收录水生动物数量有限，以图为主，并简要介绍了一些主要特征及环境特性。限于作者水平，错误和不当之处在所难免，敬请读者批评指正。

作者

2021 年 4 月

目 录

第一章 鱼 类

鱼类，属脊索动物门（Chordata）脊椎动物亚门（Vertebrata），包括圆口纲（Cyclostomata）、软骨鱼纲（Chondrichthyes）、硬骨鱼纲（Osteichthyes）等。大多数鱼类终生在水中生活，以鳃呼吸，用鳍运动并维持身体平衡。多数体被鳞片，身体温度随环境变化。

本图谱共收集整理北京地区常见鱼类33种，均属硬骨鱼纲，隶属5目、10科。从目级来看，鲤形目占绝大多数，其次是鲈形目。从科级来看，鲤科种数最多。

鱼类群落物种数、个体数、多样性和丰富度与河流位置及其提供的生境类型相关：

（1）高海拔山溪型鱼类，主要分布于上游山区河流，河床以大石块和卵石为主，水流湍急，人类活动较少。

（2）低海拔城市型鱼类，主要分布于下游城区河道，水流缓慢，多有静水，本图谱收录鱼类主要属于此类型。

根据生态位进行划分：①水体上层鱼类游泳能力较强，游动迅速，包括鲌类、鳘、鲢等；②水体中层鱼类身体多侧扁，包括鲂、草鱼等；③水体底层鱼类包括乌鳢、泥鳅等种类。

根据食性进行划分：①摄食浮游生物鱼类，包括鲢、鳙等；②摄食底栖无脊椎动物，包括泥鳅等；③食鱼性鱼类，包括鲌类、鲇等；④草食性鱼类，包括草鱼、团头鲂等；⑤杂食性鱼类最多，包括鲤、鲫、鳘、麦穗鱼、小黄黝鱼等。

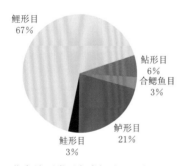

北京地区常见鱼类组成（目级）

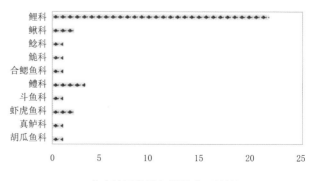

北京地区常见鱼类组成（科级）

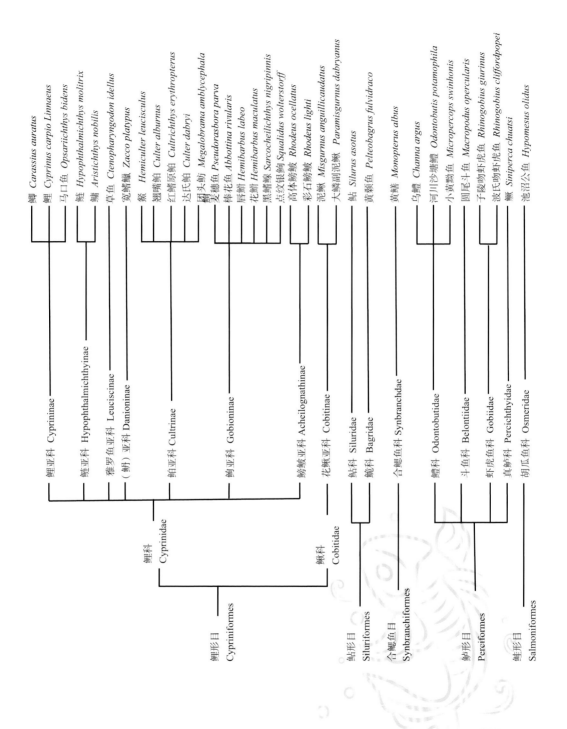

一、鲤形目 Cypriniformes

鲤形目（Cypriniformes），属脊索动物门（Chordata）脊椎动物亚门（Vertebrata）硬骨鱼纲（Osteichthyes），是目前淡水鱼类中最大的一个类群，也是北京市最常见类群。

形态特征： 体被圆鳞或裸鳞，头无鳞。口常能伸缩，无齿。多数无脂背鳍。体前端 4～5 椎骨已特化成韦伯氏器，与内耳联系。

适宜环境： 主要生活在淡水中，适应能力强，分布广泛。

科种分类： 北京地区常见鱼类中鲤形目 22 种，隶属 2 科 8 亚科。

鲤科（Cyprinidae），咽喉处有咽喉齿，分布在底栖或水中层，为卵生，多数为杂食性。

鳅科（Cobitidae），多数属种营底层生活，杂食性，属于中小型鱼类，身体呈圆筒形或稍侧扁，鳞细或退化。

科		种
鲤科 Cyprinidae	鲤亚科 Cyprininae	鲫 *Carassius auratus* 鲤 *Cyprinus carpio Linnaeus* 马口鱼 *Opsariichthys bidens*
	鲢亚科 Hypophthalmichthyinae	鲢 *Hypophthalmichthys mlitrix* 鳙 *Aristichthys nobilis*
	雅罗鱼亚科 Leuciscinae	草鱼 *Ctenopharyngodon idellus*
	（鮊）亚科 Danioninae	宽鳍鱲 *Zacco platypus*
	鲌亚科 Cultrinae	鳘 *Hemiculter leucisculus* 翘嘴鲌 *Culter alburnus* 红鳍原鲌 *Cultrichthys erythropterus* 达氏鲌 *Culter dabryi* 团头鲂 *Megalobrama amblycephala*
	鮈亚科 Gobioninae	麦穗鱼 *Pseudorasbora parva* 棒花鱼 *Abbottina rivularis* 唇鲷 *Hemibarbus labeo* 花鲷 *Hemibarbus maculatus* 黑鳍鳈 *Sarcocheilichthys nigripinnis* 点纹银鮈 *Squalidus wolterstorff*
	鳑鲏亚科 Acheilognathinae	高体鳑鲏 *Rhodeus ocellatus* 彩石鳑鲏 *Rhodeus lighti*
鳅科 Cobitidae	花鳅亚科 Cobitinae	泥鳅 *Misgurnus anguillicaudatus* 大鳞副泥鳅 *Paramisgurnus dabryanus*

1 鲫

种拉丁名：*Carassius auratus*

分　　类：鲤科 Cyprinidae　鲤亚科 Cyprininae

俗　　称：鲫鱼

识别特征：体侧扁，亚椭圆形，背部隆起，腹部略圆；头小，口生在前端，无须；鳞大；全身呈银白色，体背部灰黑色。背鳍和臀鳍具硬刺。

生活习性：食性较杂，多以植物性食物为主，如高等植物碎屑、藻类等，也摄食浮游动物、水生昆虫，幼鱼以水生无脊椎动物为食。

生 长 期：个体较小，一般成年个体体长 10cm 左右，体重常在 50～100g，1kg以上个体较少。生长缓慢，很少做放养鱼种。两年左右性成熟，繁殖能力很强，在流水和静水中均能繁殖后代。产卵期长，从春季持续到秋季，产卵时水温在 15℃以上，且多在下雨后。

适宜环境：生命力极强，对水质条件不苛求。水温在 10～30℃均能摄食。惧怕强光照射，喜栖息于荫凉水域，在有水草的深潭生活，经常活动于水域下层。

镜河

鲫（镜河，2020年6月）

鲫（北运河，2019年9月）

鲫（北运河，2019年9月）

2 鲤

种拉丁名：*Cyprinus carpio Linnaeus*

分　　类：鲤科 Cyprinidae　鲤亚科 Cyprininae

俗　　称：鲤鱼、锦鲤、红鲤

识别特征：体长，背部隆起，腹部较平直；头中等大，眼中等，口端位，马蹄型；触须 2 对。体背部灰黑色或黄褐色，体侧略带金黄色，腹部银白色或浅灰色。经过长期饲养和选种，已培育出许多品种，如镜鲤（俗称"十八鳞"）、锦鲤等。

生活习性：食性较杂，偏重于动物性食性，摄食水生昆虫、底栖动物等，属底层鱼类，触觉灵敏，善于拱泥。

生 长 期：生长较快，常见个体 1～2kg，最大体长可达 50cm 以上，体重超过 40kg。2 龄即可达性成熟。春季至夏初为主要繁殖期。

适宜环境：对水质适应性强，耐寒、耐碱、耐低氧。

镜鲤（沙河，2020年4月）

鲤（镜河，2020 年 6 月）

锦鲤（镜河，2020 年 10 月）

3
马口鱼

北京市二级
水生野生
保护动物

种拉丁名：	*Opsariichthys bidens*
分　　类：	鲤科 Cyprinidae　鲤亚科 Cyprininae
俗　　称：	花杈鱼、桃花鱼

识别特征： 体长而侧扁，腹部圆。吻长，口大，眼侧上位。体被圆鳞，中等大小。体背部灰黑色，腹部银白色。下颌前端中央有一凸刻，上颌前端中央内凹，两侧凸起，恰与下颌凸相吻合。颊部及偶鳍和尾鳍下叶橙黄色，背鳍的鳍膜有黑色斑点。雄鱼臀鳍鳍条延长，生殖季节色泽鲜艳。

生活习性： 栖息于水域上层，喜低温水域。多生活于山涧溪流中，尤其是在水流较急的浅滩，底质为砂石的小溪；静水湖泊及江河深水处少见。通常集群活动。性凶猛，杂食性偏肉食，以小鱼和水生昆虫为食。

生 长 期： 小型鱼类，体长一般在 15～20cm，体重多在 45～60g。繁殖期通常在每年的 3—6 月。1～3 龄性成熟。

适宜环境： 对水质适应性强，耐寒、耐碱、耐低氧。

马口鱼（大宁水库，2017年10月）

马口鱼（密云水库，2020年11月）

密云水库（李兆欣拍摄）

第一章 鱼类

4

鲢

种拉丁名：*Hypophthalmichthys molitrix*

分　类：鲤科 Cyprinidae　鲢亚科 Hypophthalmichthyinae

俗　称：白鲢

识别特征：体侧扁，呈纺锤形，腹部狭窄，背部稍高。体长多 60cm。头大，约为身长的 1/4。吻短，钝而圆。眼小，位于头侧下方。鳃耙联合为多孔膜质片，有螺旋形鳃上器。鳞细小。背面及头上部灰绿色，体侧及腹面银白色，背鳍、尾鳍灰绿色，其他鳍色浅并稍带黄色。

生活习性：栖息于水体中上层，性活泼，善跳跃，冬季潜至深水越冬。属滤食性鱼类，以浮游植物为食，是增殖放流用于控制水体浮游植物生物量的主要鱼种。

生 长 期：生长速度快，体长可达 1m 余，最大体重 15 ～ 20kg。春季繁殖，繁殖期上溯至河流上游产卵，卵随水漂流孵化。

适宜环境：喜高温，最适宜水温 23 ～ 32℃。耐低氧能力差，水中缺氧时容易死亡。用于增殖放流控藻时，放养时间在 4 月中下旬或 10 月中旬。

鲢（沙河水库，2020 年 5 月）

5 鳙

种拉丁名：*Aristichthys nobilis*

分　类：鲤科 Cyprinidae　鲢亚科 Hypophthalmichthyinae

俗　称：花鲢、胖头鱼、大头鱼

识别特征：体侧扁，背部稍高；头大，前部宽阔；无须；眼小，眼间距宽阔。具发达的螺旋状鳃上器。体被细小的圆鳞，体背部及侧上半部微黑色，具多数不规则黑色斑点，近腹部灰白色。

生活习性：栖息于水体中上层，动作较迟缓，不喜跳跃，冬季潜至深水越冬。属滤食性鱼类，主要摄食浮游动物，也摄食部分浮游植物（硅藻和蓝藻），与鲢搭配可作为控制水体浮游生物的增殖放流主要鱼种。

生 长 期：生长速度快，体长可达 1m 余，最大体重 35 ~ 50kg。5—7 月繁殖，繁殖期逆流至上游，在水温 20 ~ 27℃时急流有泡漩水的河段产卵，卵随水漂流孵化。

适宜环境：最适宜水温为 25 ~ 30℃，能适应富营养水体环境。

鳙（沙河水库，2020 年 5 月）

6

草鱼

种拉丁名：*Ctenopharyngodon idellus*

分　　类：鲤科 Cyprinidae　雅罗鱼亚科 Leuciscinae

俗　　称：鲩、草棍

识别特征：体延长，略呈圆筒形，腹部圆，尾部侧扁，头宽平，眼小，无须。下咽齿2行，扁平，呈梳状，齿侧有许多锉刀齿状的缺刻。鳞中等大小。体色呈茶黄色，腹部灰白色，体侧鳞片边缘灰黑色。

生活习性：性活泼，游泳迅速。栖息于水体中下层和近岸多草区域，幼鱼主食浮游植物，成鱼以水草为食，为典型草食性鱼类。

生 长 期：体型较大，生长迅速，常见3～5kg的个体。一般3～4龄性成熟。常产卵于河流汇合处或两岸突然紧缩的河段。自然生长的1龄草鱼体重在0.5～1kg，2龄为3～4kg，3龄为5～6kg，4～5龄为7～8kg。以2～3龄增长最快。

适宜环境：适宜温度为24～29℃，当水温低于20℃时，草鱼的摄食量开始降低；水温降低到15℃以下时，草鱼基本不摄食。

草鱼（沙河，2020年5月）

7

宽鳍鱲(liè)

种拉丁名：*Zacco platypus*

分　　类：鲤科 Cyprinidae　（鲴）亚科 Danioninae

俗　　称：桃花鱼、双尾鱼、红车公

识别特征：体长而侧扁，腹部圆。头短，吻钝，口端位，稍向上倾斜，唇厚，眼大。鳞较大，略呈长方形，在腹鳍基部两侧各有一向后伸长的腋鳞。腹鳍为淡红色，胸鳍上有许多黑色斑点。背鳍和尾鳍灰色，尾鳍的后缘呈黑色。

生活习性：与马口鱼生活习性相似，两种鱼经常群集在一起，喜欢嬉游于水流较急、底质为砂石的浅滩。以浮游甲壳类为食，兼食一些藻类、小鱼及水底的腐殖物质。

生 长 期：个体较小。北京地区宽鳍鱲寿命较短，年龄结构简单，雄鱼年龄主要为 1～3 龄，雌鱼为 1～2 龄。1 龄性成熟，春季产卵。繁殖期为每年的 4—7 月，5 月为繁殖高峰期。

适宜环境：喜水质较好、溶解氧含量高、pH 为中性、浮游植物生物量丰富的水域环境。

宽鳍鱲（白河，2020 年 11 月）

第一章 鱼类

8

鲹(cān)

种拉丁名：*Hemiculter leucisculus*

分　　类：鲤科 Cyprinidae　鲌亚科 Cultrinae

俗　　称：鲹条、白条

识别特征：体侧扁长，背部和缓隆起。头略尖，眼大。体背部青灰色，腹侧银白色，背鳍和尾鳍黑褐色。

生活习性：游动迅速，喜在水域上层集群活动。属杂食性鱼类，幼鱼多摄食浮游动物和水生昆虫；成鱼主要以浮游植物、高等植物碎屑、甲壳动物和昆虫为食。

生 长 期：个体较小，体长一般 10～14cm，生长周期短。5 月取食最活跃。夏季是繁殖盛期，产黏性卵，粘附在水草、砾石上孵化发育。繁殖力强，生长迅速，1～3 龄在种群中占优势。

适宜环境：对水质适应范围广。

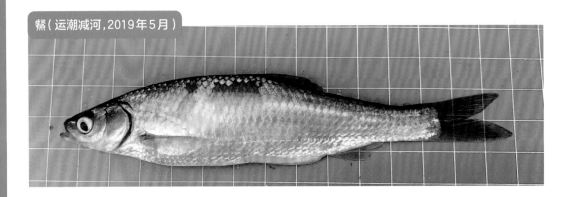

鲹（运潮减河，2019 年 5 月）

9

翘嘴鲌

种拉丁名：*Culter alburnus*

分　　类：鲤科 Cyprinidae　鲌亚科 Cultrinae

俗　　称：条鱼、白鱼、翘壳、白丝

识别特征：体长而侧扁，背缘较平直。口上位，向上翘。眼中大，位于头侧，眼间较窄，微凸。鳞较小，背部鳞较体侧小。体背侧灰黑色，腹侧银色。

生活习性：水体中上层鱼，行动敏捷，善跳跃，早晨和傍晚活跃，主要以浮游生物为食。

生 长 期：成熟鱼龄南北差别很大，越往南性成熟越早，北京地区 3 龄左右达性成熟。产卵期 6—7 月，常借助水草等障碍物进行排卵，卵微黏性。

适宜环境：对温度适应能力强，最适水温 15 ～ 32℃。能耐低氧，抗病力极强，更适合在敞水性区域捕食。水位上升和流速加快有利于产卵。

翘嘴鲌（密云水库，2020 年 11 月）

10 红鳍原鲌

种拉丁名：*Cultrichthys erythropterus*

分　　类：鲤科 Cyprinidae　鲌亚科 Cultrinae

俗　　称：翘嘴、黄掌皮

识别特征：体侧扁，头后背部隆起，头背面平直。眼大，口小，向上翘。鳞细小，体背部灰褐色，体侧和腹部银白色。鲜艳橘黄色臀鳍为主要识别特征。

生活习性：栖息于水草茂盛的水体中，喜群集。属肉食性凶猛鱼类，成鱼（体长大于 13cm）主要捕食鱼、虾等，幼鱼（体长小于 10cm）以浮游动物、水生昆虫等为食。

生 长 期：体型中等大，常见个体多长 20cm 左右。群体中 2～3 龄占优势，雌性居多。春季繁殖，产卵盛期在 5—7 月，在水体流动环境中产卵，卵具黏性，粘附在水草上发育孵化。

适宜环境：对水质要求不高。

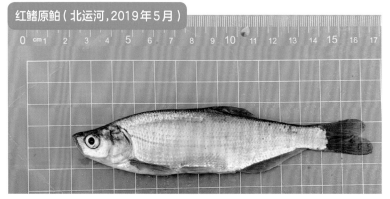

红鳍原鲌（北运河，2019 年 5 月）

红鳍原鲌（镜河，2020 年 8 月）

11 达氏鲌

种拉丁名：*Culter dabryi*

分　　类：鲤科 Cyprinidae　鲌亚科 Cultrinae

俗　　称：戴氏鲌、青稍子、青稍鲌

识别特征：体长，侧扁，头背面平直，背部在头后方隆起。头略尖，口稍上位，下颌突出在上颌的前方。腹鳍基至肛门有腹棱，背鳍具光滑的硬刺，腹鳍分叉深。背部深灰色，体侧银白色；各鳍灰色，尾鳍下叶青灰色。

生活习性：喜生活在水库等大水面开敞水域中上层。属肉食性鱼类，幼鱼以浮游动物为食，成长的个体以小鱼、虾为食。

生 长 期：生长速度较慢，2 龄性成熟。生殖季节在 5—6 月。性成熟的雄鱼头部和体背部及尾柄上有白色珠星。身体背部呈青灰色，体侧灰白色，腹部银白色，各鳍为青灰色。常在黎明时产卵，受精卵具黏性，常粘附在水草上发育孵化。

达氏鲌（密云水库，2020 年 11 月）

12

团头鲂

种拉丁名：*Megalobrama amblycephala*

分　　类：鲤科 Cyprinidae　鲌亚科 Cultrinae

俗　　称：扁鱼、武昌鱼

识别特征：体扁平，侧扁而高。头小，背部特别隆起，呈菱形，头后背部急剧隆起。
体鳞中大。体呈青灰色。

生活习性：属中下层鱼类，性情温顺。喜栖息于水草茂盛的水体。杂食性，主要
摄食沉水植物，如苦草、马来眼子菜、轮叶黑藻和菹草等，兼食枝角
类浮游动物和水生昆虫。

生 长 期：体型中等大，生长较快。1龄可长至15cm，2龄可达30cm。5—6月产卵，
卵具黏性，浅黄色，微带绿色。冬季不活跃。

适宜环境：喜溶解氧较高和 pH 呈碱性水体。

密云水库（李兆欣拍摄）

团头鲂（大宁水库，2017年10月）

团头鲂（密云水库，2020年11月）

第一章　鱼类

13

麦穗鱼

种拉丁名：*Pseudorasbora parva*

分　　类：鲤科 Cyprinidae　鮈亚科 Gobioninae

俗　　称：麦穗儿、罗汉鱼

识别特征：体延长，头尖。无须，唇薄。体侧中央有 1 条不明显的灰黑色纵带，体侧鳞片的后缘常具新月形黑斑。体背及体侧灰黑色，腹部银白色。

生活习性：喜生活于浅水区。属杂食性鱼类，主要摄食枝角类、桡足类等浮游动物。常吞食附着于水草的鱼卵。一年四季均可摄食。

生 长 期：体型偏小，一般体长 7 ～ 8cm。产卵期 4—6 月，卵具黏性，成串粘附于石片、蚌壳等物体上。

适宜环境：环境适应能力强，对毒性环境的敏感性强。适宜水温 18 ～ 25℃。静水水域和水体透明度不高的水域数量居多，水流较急且深的水域少有。属北京地区常见鱼种。

麦穗鱼（北运河，2019 年 5 月）

麦穗鱼（镜河）

第一章 鱼类

14
棒花鱼

种拉丁名：*Abbottina rivularis*

分　　类：鲤科 Cyprinidae　鉤亚科 Gobioninae

俗　　称：爬虎

识别特征：体长棒形，略短粗，背部隆起，后部侧扁。头大，眼小。口下位，马蹄形，唇厚。口角须1对。体腹面胸鳍基部前方无鳞。体背部和侧部黄褐色，腹部银白或淡黄色。

生活习性：栖息于水体下层。属杂食性鱼类，主要摄食水生昆虫及其幼虫、植物碎片、藻类等。

生 长 期：小型鱼类。1龄性成熟，每年的4—5月繁殖，在沙底掘坑为巢，产卵其中。

适宜环境：对水质要求不高，多生活在水质较差的缓流水体。

棒花鱼（运潮减河，2019年5月）

棒花鱼（运潮减河,2019年5月）

15

唇䱻(huā)

种拉丁名：*Hemibarbus labeo*

分　　类：鲤科 Cyprinidae　鮈亚科 Gobioninae

俗　　称：洋鸡虾、重唇鱼

识别特征：体延长，略侧扁，胸部、腹部略圆。头大，头长大于体高，略显平扁。口下位，呈马蹄形。唇厚。眼较大，侧上位。体背青灰色，腹部白色，成鱼体侧无斑点，各鳍灰白色。

生活习性：体型中等，生长速度慢。生活于水体中下层，以底栖无脊椎动物包括虾、昆虫幼虫等为食。卵具黏性，附着于水草上孵化。

唇䱻（密云水库，2020年11月）

16

花鰁

种拉丁名： *Hemibarbus maculatus*

分　　类： 鲤科 Cyprinidae　鉤亚科 Gobioninae

俗　　称： 麻花鰁、鸡花鱼、大眼鼓

识别特征： 体延长，腹部略圆。头中等大，口略小，下位，弧形。唇薄。眼较大，侧上位。侧线完全，前段微弯。体背部和体侧呈灰褐色，腹部银白色，体侧带有褐色小斑点，侧线上有 7~14 个大黑斑。

生活习性： 体型中等，生长速度较快。生活于水体中下层，以底栖无脊椎动物包括虾、昆虫幼虫等为食。卵具黏性，附着于水草上孵化。

花鰁（团城湖，2021 年 4 月）

第一章　鱼类

17
黑鳍鳈 (quán)

种拉丁名：*Sarcocheilichthys nigripinnis*

分　　类：鲤科 Cyprinidae　鮈亚科 Gobioninae

俗　　称：芝麻鱼、花腰

识别特征：体延长，稍侧扁，头后背部隆起，腹部较圆。头较小，头长略小于体高。口小，下位，呈弧形。唇较薄。眼小，位于头侧上方。体被圆鳞，中等大小，侧线完全，较平直。背鳍短，无硬刺。体背及体侧灰暗，间杂有黑色和棕黄色的斑纹，腹部白色。体侧中轴沿侧线自鳃盖后上角至尾鳍基具黑色纵纹，鳃盖后缘、峡部、胸部均呈桔黄色，鳃孔后缘的体前部具有一条深黑色的垂直条纹。

生活习性：小型鱼类。多在水体中下层活动。栖息于水体澄清的流水中，喜食底栖无脊椎动物和水生昆虫、藻类及植物碎屑等。

黑鳍鳈（团城湖，2021 年 4 月）

18 点纹银鮈

种拉丁名：*Squalidus wolterstorff*

分　类：鲤科 Cyprinidae　鮈亚科 Gobioninae

识别特征：体延长，略侧扁，胸部、腹部圆。头大，其长等于或略大于体高。口亚下位，口裂稍斜。　唇薄，简单。唇后沟中断。眼较大，侧上位，眼间平坦。体被圆鳞，鳞片排列整齐。侧线完全，较平直。体银白色，背部和体侧上半部多数鳞片边缘色深，组成暗褐色的网纹，腹部灰白色。体侧中轴上方有 1 条黑条纹，其上具有 1 列暗斑，侧线鳞各具 1 列被侧线管隔开的横"八"字形黑斑，上下各半。

生活习性：小型鱼类，多在水体下层活动，以底栖无脊椎动物为食。

点纹银鮈（团城湖，2021 年 4 月）

第一章 鱼类

19 高体鳑鲏

种拉丁名：*Rhodeus ocellatus*

分　　类：鲤科 Cyprinidae　鳑鲏亚科 Acheilognathinae

俗　　称：火镰片儿、火烙片儿

识别特征：体高，长卵圆形。头后背部急剧隆起，头小，口小。繁殖期雄鱼体色有金属蓝色，色泽艳丽，雌鱼体色较为黯淡，具产卵管。

生活习性：喜集群生活，栖息于水体平缓、水草繁茂的水域底层。属杂食性鱼类，主要摄食植物碎片、藻类和浮游动物。

生 长 期：小型鱼类，体长一般不超过10cm。1龄性成熟，每年的4—6月繁殖，5月中旬最盛，分批产卵于蚌类等软体动物鳃瓣中。

适宜环境：适宜生活的水域温度在 4 ～ 35℃，溶解氧范围在 4.0 ～ 8.3mg/L，pH在 6.8 ～ 7.5。

运潮减河（严玉林拍摄）

高体鳑鲏（运潮减河，2019年5月）

高体鳑鲏（八号桥湿地，2020年7月）

第
一
章
鱼
类

20 彩石鳑鲏

种拉丁名：*Rhodeus lighti*

分　　类：鲤科 Cyprinidae　鳑鲏亚科 Acheilognathinae

俗　　称：火镰片儿、火烙片儿

识别特征：又名中华鳑鲏，与高体鳑鲏极为相似，区别为彩石鳑鲏体长与体高比值略大于高体鳑鲏。彩石鳑鲏体长为体高的 2.4 倍以上，高体鳑鲏体长为体高的 2.4 倍以下。

生活习性：同高体鳑鲏，喜集群生活，栖息于水体平缓、水草繁茂的水域底层。属杂食性鱼类，主要摄食植物碎片、藻类和浮游动物。

生 长 期：小型鱼类，体长 6 ～ 8cm。每年的 4—6 月繁殖，产卵于蚌类等软体动物鳃瓣中。

适宜环境：同高体鳑鲏，适宜生活的水域温度在 4 ～ 35℃，溶解氧范围在 4.0 ～ 8.3mg/L，pH 在 6.8 ～ 7.5。

镜河

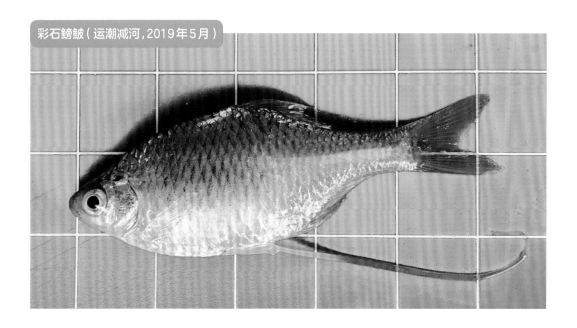

彩石鳑鲏（运潮减河，2019年5月）

彩石鳑鲏（镜河）

21

泥鳅

种拉丁名：*Misgurnus anguillicaudatus*

分　　类：鳅科 Cobitidae　花鳅亚科 Cobitinae

俗　　称：泥鳅

识别特征：体长形，躯干部圆，向后渐侧扁。体背部及两侧灰黑色，具多数不规则褐色斑点。体表沾满黏液。

生活习性：栖息于静水底层。多在夜间捕食浮游生物、甲壳动物、水生高等植物碎屑等。

生 长 期：个体较小，每年的 4—6 月为繁殖期。

适宜环境：较常见，对环境适应能力强。生活水温 10 ～ 30℃。水温 15℃时食欲逐渐增加，水温上升到 25 ～ 27℃时，食欲特别旺盛。忍耐低溶解氧能力较强。

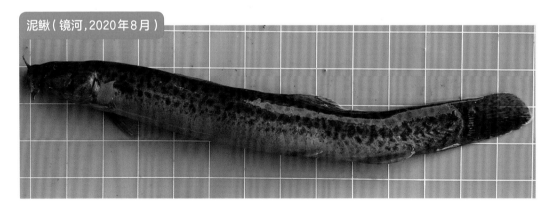

泥鳅（镜河，2020年8月）

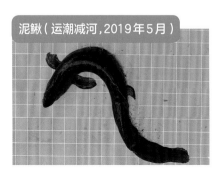

泥鳅（运潮减河，2019年5月）

大鳞副泥鳅

种拉丁名： *Paramisgurnus dabryanus*

分　　类： 鳅科 Cobitidae　花鳅亚科 Cobitinae

俗　　称： 泥鳅

识别特征： 体长形，躯干部圆，向后渐侧扁。体灰黑色，背部深灰黑色，腹部灰白色。头较小，眼小。须5对。与泥鳅形态相似，但尾部较泥鳅略宽。

生活习性： 喜栖息于底泥较深的浅水水域。属杂食性鱼类，幼鱼主要摄食浮游动物，成鱼以植物食性为主。一般在夜间进行活动。

生 长 期： 个体稍大。生长速度快。1龄达性成熟。产卵期为每年的4—9月。

适宜环境： 同泥鳅，对环境适应能力强。最适水温25～27℃，在水温10℃以下、30℃以上时停止摄食。对低氧环境适应性强，水中缺氧时能跳跃到水面吞食空气进行肠呼吸。

大鳞副泥鳅（镜河，2019年6月）

大鳞副泥鳅（运潮减河，2019年5月）

二、鲇形目 Siluriformes

　　鲇（nián）形目（Siluriformes），属脊索动物门（Chordata）脊椎动物亚门（Vertebrata）硬骨鱼纲（Osteichthyes）。

形态特征：两颌多具发达的须(多者4对)，鱼体大多裸露无鳞。上、下颌有齿，齿发达。眼小。胸鳍及背鳍常有用于自卫的硬刺。脂鳍常存在。

适宜环境：均为底栖肉食性鱼类，绝大部分生活于淡水。

科种分类：中国有11科近100种，本图谱收录2种，隶属于鲇科和鮠科。

　　鲇科（Siluridae），身体为长形，头部扁平，尾部侧扁，吻部短而宽圆。头部有须1～3对。体表裸露没有鳞片被覆。大多数生长迅速，个体较大。

　　鮠(wéi)科（Bagridae），由2个背鳍，第1个前背鳍短，有锯齿状的棘，第2个为脂鳍。有须4对，1对鼻须，1对颌须及2对颐须。

科	种
鲇科 Siluridae	鲇 *Silurus asotus*
鮠科 Bagridae	黄颡鱼 *Pelteobagrus fulvidraco*

八号桥湿地（战楠拍摄）

23 鲇

种拉丁名： *Silurus asotus*

分　　类： 鲇科 Siluridae

俗　　称： 塘虱、鲇鱼、胡子鲢、黏鱼、鲶拐子

识别特征： 体长形，头部平扁，尾部侧扁。头中等大，宽而扁平。眼小，眼间距宽。口宽大，弧形。须 2 对，上长下短。体色通常呈黑褐色或灰黑色，腹部灰白色。体表多黏液，无鳞、光滑。

生活习性： 属水体底层凶猛性鱼类，怕光。喜栖息于流速缓慢水域近岸石缝、深坑或洞中。春天开始活动，入冬后不食。气温越高食量越大，在阴天和夜间活动频繁。喜食小型鱼类、虾、水生昆虫。

生 长 期： 生长速度较快，常见个体重 0.5 ～ 1kg。1 龄体长约 20cm，2 龄体长约 40cm，之后生长减慢。繁殖期在每年的 4—7 月。产卵于水草较多水域，卵具黏性。

适宜环境： 对水质要求不苛刻。

鲇（密云水库，2020 年 11 月）

24

黄颡 (sāng) 鱼

种拉丁名：*Pelteobagrus fulvidraco*

分　　类：鲿科 Bagridae

俗　　称：嘎鱼、黄沙古、黄辣丁、刺黄股、戈牙

识别特征：体长形，前部稍平扁，后部侧扁。口下位，吻圆钝。有须 4 对。鳃孔宽阔。体裸露无鳞，侧线平直。体上部灰黑色，下部粉红白色。脂鳍较臀鳍基短，尾鳍分叉深。

生活习性：喜栖息于具腐败食物和淤泥的静水或缓流浅滩底层。杂食性，夜间觅食，以底栖无脊椎动物、昆虫、软体动物等为食。

生 长 期：小型鱼类，生长较慢。体长一般 12 ～ 15cm。产卵期为每年的 4—6 月，卵具黏性。

适宜环境：耐恶劣环境，适应能力较强。

黄颡鱼（八号桥湿地，2019 年 11 月）

第
一
章
鱼
类

三、合鳃鱼目 Synbranchiformes

合鳃鱼目（Synbranchiformes），属脊索动物门（Chordata）脊椎动物亚门（Vertebrata）硬骨鱼纲（Osteichthyes），我国只产 1 种，即黄鳝。

科	种
合鳃鱼科 Synbranchdae	黄鳝 *Monopterus albus*

运潮减河鱼类调查（ 2019年9月）

25

黄鳝

种拉丁名：*Monopterus albus*

分　　类：合鳃鱼科 Synbranchdae

俗　　称：鳝鱼

识别特征：体细长，前部呈圆筒状而后部侧扁，尾部短而尖细，鳗型。无鳞或具很小鳞片，覆盖丰富的黏液。无须，两对鼻孔，唇发达。头部膨大而略圆，口大且端位，眼小，无胸鳍和腹鳍，鳃退化。

生活习性：主要栖息于静水或缓流水体，为底层鱼类。一般白天躲藏于水底洞穴或沟渠岸边裂隙中，夜晚外出觅食、活动。属肉食性凶猛鱼类，以水生昆虫、蚯蚓、小鱼、小虾、蝌蚪、蛙等为食。有较强的耐饥饿能力。

生 长 期：个体中等或较大。最大体长可超过 70cm，体重超过 1.5kg。繁殖季节约在每年的 6—8 月，是雌雄同体鱼类。

适宜环境：对水温比较敏感，最适生长繁殖水温为 21 ～ 28℃；低于 15℃时，摄食明显下降，10℃以下停止进食，随温度的降低而进入冬眠状态。能借口腔及喉腔内壁表皮直接呼吸空气，离开水后可生存较长时间。

黄鳝（运潮减河，2019 年 5 月）

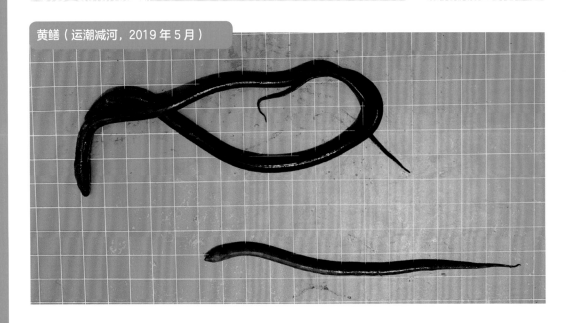

运潮减河（严玉林拍摄）

四、鲈形目 Perciformes

鲈形目（Perciformes），属脊索动物门（Chordata）脊椎动物亚门（Vertebrata）硬骨鱼纲（Osteichthyes）。

形态特征： 个体形状、大小变化很大，一般体长在 30 ～ 250cm。多数会随环境变换体色。

适宜环境： 绝大多数是海产鱼，仅少数生活在淡水水域。

科种分类： 中国鲈形目鱼类共 91 科约 1031 种，本图谱收录 4 科 7 种，分别隶属于鳢科、斗鱼科、虾虎鱼科和真鲈科。

鳢科（Odontobutidae），身体延长而略呈圆筒形，往后逐渐侧扁，头部较为平扁，属淡水底栖鱼类，性凶猛，肉食性。

斗鱼科（Belontiidae），身体呈椭圆形而侧扁，淡水鱼。雄鱼领域性强，常彼此相斗。

虾虎鱼科（Gobiidae），体型大多细小，少数种类适应淡水环境。

真鲈科（Percichthyidae），身体侧扁而稍延长，下颌稍长于上颌，属肉食性鱼类。

科	种
鳢科 Odontobutidae	乌鳢 *Channa argus* 河川沙塘鳢 *Odontobutis potamophila* 小黄黝鱼 *Micropercops swinhonis*
斗鱼科 Belontiidae	圆尾斗鱼 *Macropodus opercularis*
虾虎鱼科 Gobiidae	子陵吻虾虎鱼 *Rhinogobius giurinus* 波氏吻虾虎鱼 *Rhinogobius cliffordpopei*
真鲈科 Percichthyidae	鳜 *Siniperca chuatsi*

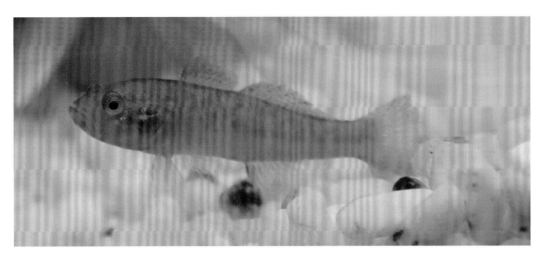

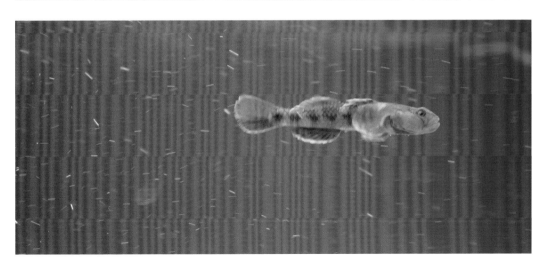

26

乌鳢 (II)

种拉丁名：	*Channa argus*
分　　类：	鳢科 Odontobutidae
俗　　称：	黑鱼、乌鱼、生鱼、财鱼、蛇鱼、火头鱼

识别特征： 身体延长，前部呈圆筒形，后部侧扁。头窄长，眼小。体被圆鳞，头部鳞片呈骨片状。尾鳍圆形。体色呈灰黑色，有不规则黑色斑块，似蟒斑纹。

生活习性： 底栖肉食凶猛性鱼类，喜生活在沿岸河底水草丛生的浅水区，夜间有时在上层游动。跳跃能力强，成鱼能跃出水面 1.5m 以上。幼鱼以水生昆虫、小鱼、小虾为食，成鱼捕食其他鱼类，胃口奇大，会对其他鱼类造成严重威胁。

生 长 期： 生长迅速，个体较大。当年孵化的幼鱼到秋季平均长可达 15cm，体重 50g 左右，5 龄鱼可达约 5kg。繁殖水温为 18 ～ 30℃。产卵期为每年的 5 月下旬至 6 月末。卵产在水草茂盛的浅水区，卵为浮性。

适宜环境： 对缺氧、水温和不良水质适应性强，水体缺氧时能在空气中呼吸。当春季水温达 8℃以上时，常在水体中上层活动；夏季活动于水体的上层；秋季水温下降至 6℃以下时，游动缓慢，常潜伏于水深处；冬季水温接近 0℃时，蛰居在底泥中停食不动。

乌鳢（镜河，2020年8月）

镜河鱼类调查（李兆欣拍摄）

27

河川沙塘鳢

种拉丁名： *Odontobutis potamophila*

分　　类： 鳢科 Odontobutidae

俗　　称： 老头鱼、虎头鳖、土布鱼

识别特征： 身体延长，粗壮，前部圆筒形，后部侧扁。头宽大，平扁。眼小。口前位。体被栉鳞，眼后头顶部鳞片呈覆瓦状排列。身体棕黄色至黑色，体色可随生存环境有一定变化。

生活习性： 底栖鱼类，喜泥沙、碎石底质。游动能力较弱。冬季潜伏泥沙中越冬。属肉食性鱼类，以水生无脊椎动物、小鱼等为食。

生长期： 属中小型淡水鲈形目鱼类，一般体长在 15cm 以下，常见个体 30～50g。1 龄鱼达性成熟，每年的 4—6 月初产卵。在近岸浅水处的洞穴、蚌壳内分批产卵，卵黏性。雄鱼有护卵习性。

适宜环境： 为我国特有种，比较耐低氧，对水温比较敏感，26～28℃时生长最快。水温 30℃ 以上生长缓慢，5～6℃ 的低温仍然少量进食。

河川沙塘鳢（通惠河，2019年6月）

通惠河鱼类调查

28

小黄黝鱼

种拉丁名：*Micropercops swinhonis*

分　　类：鳢科 Odontobutidae

俗　　称：黄黝鱼

识别特征：身体延长，腹部圆。头较大，略平扁。口上位。鼻孔2个，分离。胸鳍大，长圆形。生活时体色变化较大，一般身体呈棕黄色，背部颜色较深，体侧具有暗色横带。腹鳍不特化为吸盘状。

生活习性：喜潜伏于水底活动。属杂食性鱼类，具有攻击性，以水生无脊椎动物、藻类等为食。

生 长 期：个体小，一般体长在6cm以下。1龄鱼达性成熟。繁殖期在每年的4—7月，卵依附于水草或石头上。

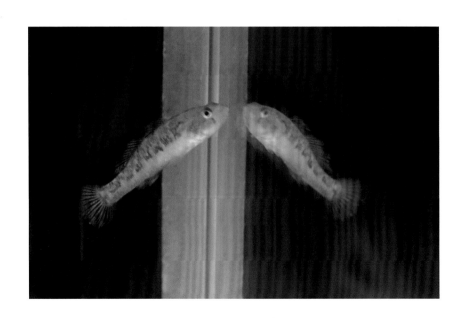

小黄黝鱼（镜河，2019年9月）

圆尾斗鱼

种拉丁名：*Macropodus opercularis*

分　　类：斗鱼科 Belontiidae

俗　　称：斗鱼

识别特征：体侧扁，侧面观体呈长椭圆形。头长近似体高。口上位，无须。鳃盖后缘具深蓝色圆斑。尾柄短，尾鳍圆形。体色褐绿，略闪蓝光。体两侧有前倾的膝状横斑 7 ～ 10 条。体色随生存环境、生殖季节呈较大差异。

生活习性：多栖息于水草繁茂的静水或缓流水体。属以动物性食物为主的杂食性鱼类，主要以浮游动物、水生昆虫及其幼虫为食，亦食鱼卵。

生 长 期：个体较小，寿命不超过 4 年，繁殖期在每年的 4—10 月，产卵群体多为 1 龄鱼。夏季和初秋为生长旺季。

适宜环境：对温度要求不苛刻，最适宜温度为 24 ～ 27℃，水以中性为宜，pH 在 6.5 ～ 7.2。

圆尾斗鱼（运潮减河，2019年5月）

运潮减河

30

子陵吻虾虎鱼

种拉丁名：*Rhinogobius giurinus*

分　　类：虾虎鱼科 Gobiidae

俗　　称：虾虎鱼、虾虎

识别特征：身体延长，前部圆筒形，尾柄部略侧扁。头中大，稍平扁。口大，前位。体被大栉鳞。左右腹鳍愈合成一长圆形吸盘。身体黄褐色，背深腹浅，体侧常有 6 ～ 7 个黑色纵斑。眼前有数条蠕虫状条纹。

生活习性：喜栖息于水底。属肉食性凶猛鱼类，以鱼苗、鱼卵、水生无脊椎动物、贝类等为食，甚或自相残杀。

生 长 期：个体小，多数不长于 130mm。体长 28mm 以上的 1 龄鱼开始性成熟。每年的 4—6 月产卵，受精卵以黏丝附着于石砾或其他硬物上孵化。有溯水习性，将卵产在沙穴中。

适宜环境：适宜生活在流速较低的静水水域。对本地种造成一定危害。

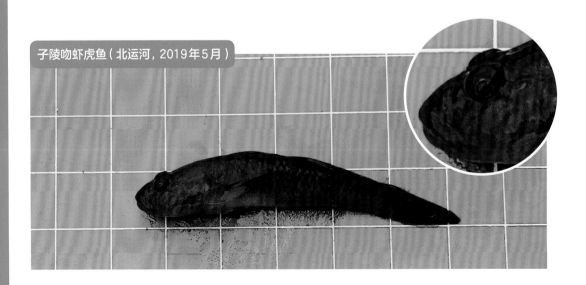

子陵吻虾虎鱼（北运河，2019年5月）

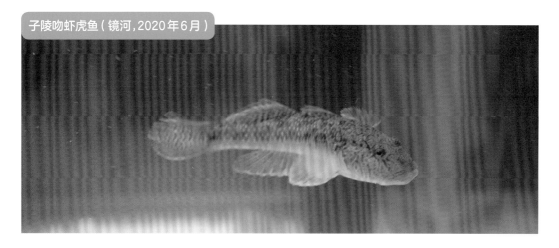

子陵吻虾虎鱼（镜河，2020年6月）

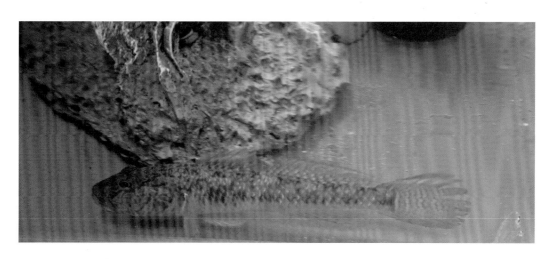

31

波氏吻虾虎鱼

种拉丁名： *Rhinogobius cliffordpopei*

分　　类： 虾虎鱼科 Gobiidae

俗　　称： 虾虎鱼、虾虎

识别特征： 体形粗壮，延长，前部近圆筒形，后部稍侧扁。尾柄稍长。头大，扁宽。左右腹鳍呼和成一吸盘。尾鳍长圆形。体侧有 6 ～ 7 个深褐色横带或横斑。与子陵吻虾虎鱼极为相似，但眼前无蠕虫状条纹。

生活习性： 常栖息于砂石底的山溪流水中，亦在河流、湖泊浅水区生活。

生 长 期： 每年的 4 月中旬开始产卵，5 月达到高峰，一直持续至 6 月下旬结束。

适宜环境： 同子陵吻虾虎鱼，适宜生活在流速较低的静水水域。

波氏吻虾虎鱼（上）与子陵吻虾虎鱼（下）（运潮减河，2019年5月）

波士吻虾虎鱼（镜河，2020年4月）

32

鳜 (guì)

北京市二级
水生野生
保护动物

种拉丁名：*Siniperca chuatsi*

分　　类：真鲈科 Percichthyidae

俗　　称：桂鱼、桂花鱼

识别特征：体高，侧扁，眼后背部显著隆起。头中大。吻尖突。眼中大。口大，端位，斜裂。鳃孔大。鳃耙棒状，上有细齿。头、体被小圆鳞，吻部和眼间无鳞。背鳍连续，臀鳍始于背鳍最后鳍条下方，腹鳍胸位，胸鳍和尾鳍圆形。胸鳍和腹鳍浅色，背鳍、臀鳍和尾鳍均具黑色斑点。体背侧棕黄色，腹面白色。身体具许多不规则褐色斑块和斑点。体色可随生存环境不同有一定变化。

生活习性：白天潜伏于水底，夜间活动觅食。属肉食性鱼类，性凶猛，终生以鱼类和其他水生动物为食。

生 长 期：体型较大。2～4龄性成熟。在水体下层排卵，受精卵呈淡黄色，圆球形，具弱黏性。

适宜环境：喜欢栖息于水草茂盛较洁净的水体中。适宜水温 15～32℃。

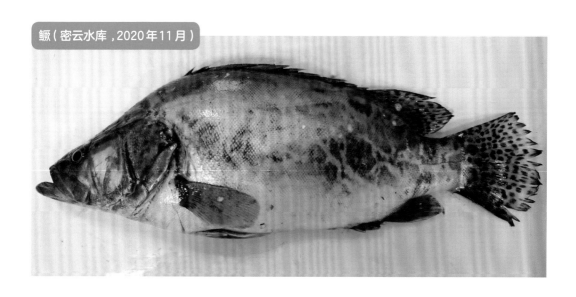

鳜（密云水库，2020年11月）

五、鲑形目 Salmoniformes

鲑形目（Salmoniformes），属脊索动物门（Chordata）脊椎动物亚门（Vertebrata）辐鳍鱼纲（Actinopterygii）。

适宜环境：多为冷水性鱼类，一般为肉食性。绝大多数是海产鱼，仅少数生活在淡水水域。

科种分类：中国现有 7 亚目 18 科约 91 种。本图谱收录 1 种，隶属于胡瓜鱼科（Osmeridae），因鲜鱼具黄瓜香味而得名。多为纺锤形，偏侧扁，口裂较大。

科	种
胡瓜鱼科 Osmeridae	池沼公鱼 *Hypomesus olidus*

北运河

第一章　鱼　类

33 池沼公鱼

种拉丁名：*Hypomesus olidus*

分　　类：胡瓜鱼科 Osmeridae

俗　　称：黄瓜鱼、春生子、秋生子

识别特征：身体细长，侧扁。头小而尖。口大，端位。眼较大，尾鳍叉形。背鳍较高，背鳍位于体中点之前，与腹鳍相对。脂鳍与臀鳍后部相对。体被椭圆形鳞。背褐色，腹侧白，有一条银灰条带。

生活习性：主要摄食浮游动物和底栖昆虫。

生 长 期：小型鱼类，成鱼个体长 10cm 左右，最大个体体长 14cm。一年生鱼类。1 龄成熟，每年的 3—4 月产卵。产卵后大部分亲体死亡。

适宜环境：在水温低、水质清晰的江口咸淡水区或大江的下游水域中活动，喜在岸边游动，水温升高时游向支流。对水质污染比较敏感，最适 pH 范围为 7.0 ～ 9.6。

池沼公鱼（大宁水库，2017 年 10 月）

池沼公鱼（密云水库，2020年11月）

大宁水库（杨兰琴拍摄）

第二章 两栖动物与爬行动物

　　两栖动物 (Amphibia)，皮肤裸露，绝大多数物种表面没有鳞片、毛发等覆盖，但是可以分泌黏液以保持身体的湿润。其幼体在水中生活，用鳃进行呼吸，长大后用肺兼皮肤呼吸。两栖动物是脊椎动物从水栖到陆栖的过渡类型，可以爬上陆地生存，但是对水环境有很强的依赖性，繁殖不能离水，因而称为两栖。

　　目前两栖动物主要分无足目（Apoda）、无尾目（Anura）和有尾目（Caudata）三目。由于北京地处北方大陆性气候，冬季严寒干燥，而两栖动物属变温动物，缺少保温结构和体温调节能力，因此北京地区两栖动物并不丰富。本图谱收录北京市常见的 2 种两栖动物。

　　爬行动物 (Reptilia)，体表覆盖角质的鳞片或甲，用肺呼吸，使得它们能离水登陆。由于它的胚胎可以在产于陆地上的羊膜卵中发育，使其繁殖和发育摆脱了对外界水环境的依赖，大多数栖居在陆地，但仍有部分生活在水里或水陆两栖。

　　现存爬行动物主要分鳄目（Crocodilia）、有鳞目（Squamata）和龟鳖目（Chelonia）三目。本图谱收录北京市常见的 1 种爬行动物。

一、无尾目 Anura

无尾目（Anura），两栖动物属脊索动物门（Chordata）脊椎动物亚门（Vertebrata）两栖纲（Amphibian）。

形态特征： 无尾目成员体型大体相似，幼体和成体区别甚大。幼体有尾无足，成体基本无尾而具四肢。

适宜环境： 繁殖离不开水，卵一般产于水中，孵化成蝌蚪，用鳃呼吸，经过变态，成体主要用肺呼吸，但多数皮肤也有部分呼吸功能。

科种分类： 中国现有 7 科 300 余种。本图谱收录 2 种，隶属于蟾蜍科（Bufonidae）、蛙科（Ranidae）。

蟾蜍科（Bufonidae），身体宽短粗壮，皮肤一般都甚粗糙且高度角质化，有腮腺，能分泌毒液。鼓膜明显。行动缓慢不擅跳跃。适应能力很强。

蛙科（Ranidae），舌端分叉。皮肤平滑、潮湿，肢大且有力，后足趾间蹼发达。

科	种
蟾蜍科 Bufonidae	中华蟾蜍 *Bufo gargarizans*
蛙科 Ranidae	黑斑蛙 *Pelophylax nigromaculatus*

中华蟾蜍

种拉丁名： *Bufo gargarizans*

分　　类： 蟾蜍科 Bufonidae

俗　　称： 癞肚子、癞疙疱、癞蛤蟆

识别特征： 中华蟾蜍体长约 10cm。头背光滑无疣粒，体背瘰粒多而密，腹面及体侧一般无土色斑纹。雄体通常体背以黑绿色、灰绿色或黑褐色为主，雌体色浅；体侧有深浅相同的花纹；腹面为乳黄色与黑色或棕色形成的花斑。

生活习性： 穴居在泥土中，或栖于石下及草间。多夜间捕食，量极大，主要捕食昆虫（蝶类、蝗虫、蚱蜢、金龟子、蚊、蝇、白蚁）。

生　长　期： 受精卵经过一系列胚胎发育过程形成蝌蚪，蝌蚪经过 2～3 月变态为幼蟾蜍，经过 16 个月的生长发育达到体成熟和性成熟。气温低于10℃开始冬眠。

适宜环境： 幼体发育的水体适宜溶氧量为 6mg/L，水体的 pH 以 6～8 为宜。对环境温度的依赖性显著，受精卵孵化期的最适水温为 18～23℃；蝌蚪生长发育期最适水温为 18～28℃；蟾蜍生长期适宜温度为20～32℃。

中华蟾蜍 (凉水河,2020年5月)

中华蟾蜍

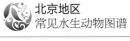

2 黑斑蛙

种拉丁名： *Pelophylax nigromaculatus*

分　　类： 蛙科 Ranidae

俗　　称： 黑斑侧褶蛙

识别特征： 成蛙体长一般为 7～8cm，体重为 50～60g。一般雌蛙比雄蛙大。身体分为头、躯干和四肢三部分，成体无尾。头部略呈三角形，长略大于宽，口阔，吻钝圆而略尖，近吻端有两个鼻孔，鼻孔长有鼻瓣，可随意开闭以控制气体进出。雄蛙有一对颈侧外声囊，鸣叫声音较大；雌蛙无声囊，比雄蛙鸣叫的声音小。两眼位于头上方两侧，有上下眼睑，下眼睑上方有一层半透明的瞬膜，眼圆而突出，眼间距较窄，眼后方有圆形鼓膜。

生活习性： 喜群居。在繁殖季节，成群聚集在稻田、池塘的静水中抱对、产卵。白天常躲藏在杂草、水草中，黄昏后、夜间出来活动、捕食。一般每年的 11 月开始冬眠，钻入向阳的坡地或离水域不远的砂质土壤中，次年 3 月中旬出蛰。蝌蚪期为杂食性，变态成幼蛙后，因为蛙眼的结构特点，决定了成体黑斑蛙只能捕食活动的食物。食物以节肢动物昆虫纲最多，还吞食少量的螺类、虾类及脊椎动物中的鲤科、鳅科小鱼及小蛙、小石龙子等。

生 长 期： 每年的 4—7 月为生殖季节，产卵的高潮在 4 月间。卵多产于静水域中，偶尔也在缓流水中产卵。每 1 卵块有卵 2～3.5 千粒，多浮于水面，卵径 1.7～2.0mm。蝌蚪约经 2 个多月完成变态。

保护级别： 列入《世界自然保护联盟》（IUCN）2004 年濒危物种红色名录 ver 3.1——近危（NT）。

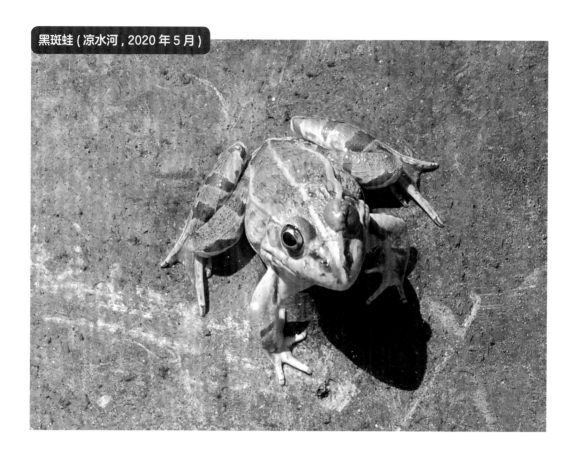

黑斑蛙 (凉水河，2020 年 5 月)

黑斑蛙 (俯视)

二、龟鳖目 Chelonia

　　龟鳖目（Chelonia），俗称龟，其所有成员是现存最古老的爬行动物，属脊索动物门（Chordata）脊椎动物亚门（Vertebrata）爬行纲（Reptilia）。

形态特征：身上长有非常坚固的甲壳，受袭击时龟可以把头、尾及四肢缩回龟壳内。大多数龟均为肉食性。

适宜环境：水陆两栖，以水中生活为主，一般生活在溪流、湖沼的草丛中。由于具有锋利的爪和强有力的尾巴，能够轻易爬越障碍物，还能爬上树捕食小鸟，性凶猛。

科种分类：现存2亚目约220种。本图谱收录1种，隶属于鳖科（Trionychidae）。

　　鳖科（Trionychidae），以外表为皮肤而非角质盾片为特征。游动迅速的淡水肉食性龟鳖类，性情比较凶猛，皮肤具有在水中辅助呼吸的功能，可以在水下保持较长时间。

北运河

中华鳖

种拉丁名： *Trionyx Sinensis*

分　　类： 鳖科 Trionychidae

俗　　称： 鳖、甲鱼、元鱼、王八、团鱼、脚鱼、水鱼

识别特征： 体躯扁平，呈椭圆形，背腹具甲。通体被柔软的革质皮肤，无角质盾片。体色基本一致。

头部粗大，前端略呈三角形。眼小，位于鼻孔的后方两侧。口无齿，脖颈细长，呈圆筒状，伸缩自如，视觉敏锐。颈基两侧及背甲前缘均无明显的瘰粒或大疣。背甲暗绿色或黄褐色。腹甲灰白色或黄白色，平坦光滑。尾部较短。四肢扁平，后肢比前肢发达。前后肢各有5趾，趾间有蹼。四肢均可缩入甲壳内。

生活习性： 属爬行冷血动物，生活于水流平缓、鱼虾繁生的淡水水域。能在陆地上爬行、攀登，也能在水中自由游泳。喜晒太阳或乘凉风。夏季有晒甲习惯。每年的10月底冬眠，翌年4月开始寻食；喜食鱼虾、昆虫等，也食水草、谷类等植物性饵料。性怯懦怕声响，白天潜伏水中或淤泥中，夜间出水觅食；耐饥饿，但贪食且残忍。

生 长 期： 4～5龄成熟，产卵点一般环境安静、干燥向阳、土质松软。寿命可达60龄以上。

保护级别： 被列入《世界自然保护联盟濒危物种红色名录》易危物种。

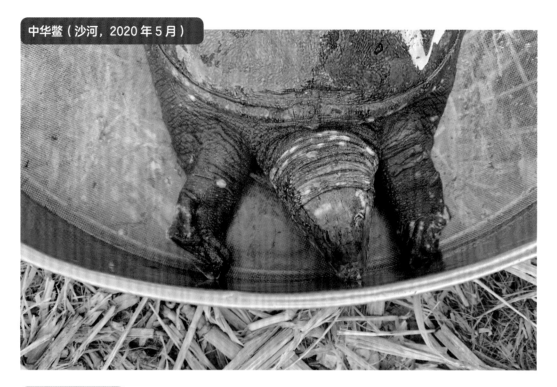

中华鳖（沙河，2020 年 5 月）

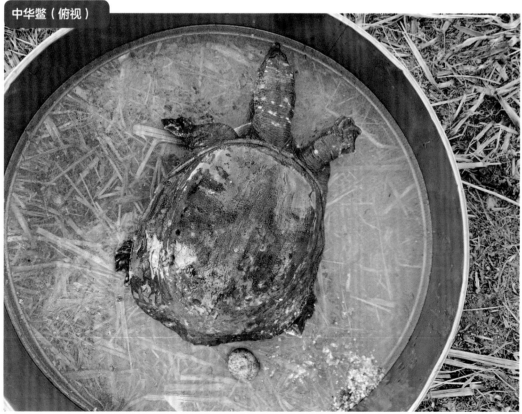

中华鳖（俯视）

第三章　底　栖　动　物

　　底栖动物 (zoobenthos)，是指生活史的全部或大部分时间生活于水体底部的水生动物群。这里将底栖动物的范围限定于较大型的无脊椎动物。

　　北京地区常见底栖动物包括环节动物门、软体动物门和节肢动物门，可促进有机碎屑分解、净化水体，并为鱼类等提供饵料。由于活动范围小、生命周期相对较长，且不同物种对环境变化的敏感程度不同，底栖动物常作为水环境监测评价的重要指示生物。

　　本图谱共收录 7 科，均取自镜河。分属节肢动物门（Arthroppda）的双翅目（Diptera）、蜉蝣目（Ephemeroptera）、十足目（Decapoda），以及软体动物门（Mollusca）的真瓣鳃目（Eulamellibranchia）、蚌目（Unionoida）、中腹足目（Mesogastropoda）。

一、双翅目 Diptera

双翅目（Diptera），属节肢动物门（Arthroppda）六足亚门（Mandibulata）昆虫纲（Insecta）有翅亚纲（Petrygota）。

形态特征： 属于完全变态的昆虫，大多数以摄取液态的食物为食。

适宜环境： 因种类丰富，个体众多，不同种类对水域生境要求不同，多数种类在水底的泥沙中生活。夜间有强向光性。

科种分类： 双翅目底栖动物属摇蚊科（*Chironomidae*）。

第
三
章

底
栖
动
物

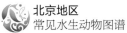

摇蚊科

种拉丁名： *Chironomidae*

识别特征： 摇蚊幼虫身体一般为圆柱形，长 2～30mm，分为头、胸、腹三部分。头部甲质化，一般有 2 对眼点。触角 1 对。在触角第一节的表面，有环状感觉器——环器，其数目和位置是分类的特征。

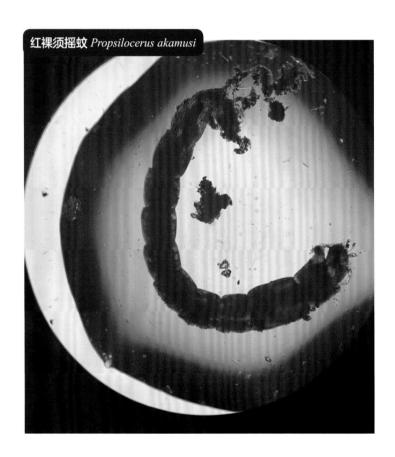

红裸须摇蚊 *Propsilocerus akamusi*

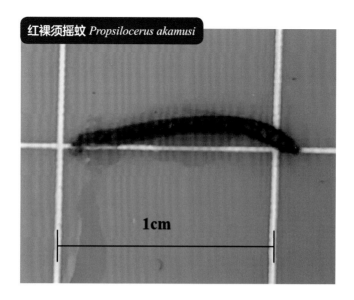

红裸须摇蚊 *Propsilocerus akamusi*

1cm

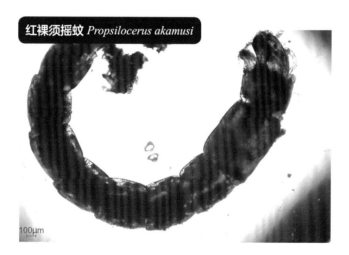

红裸须摇蚊 *Propsilocerus akamusi*

100μm

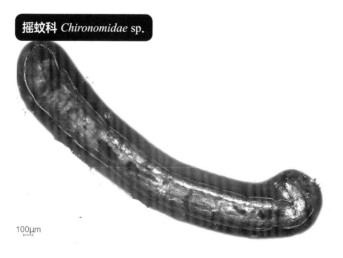

摇蚊科 *Chironomidae* sp.

100μm

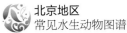

二、蜉蝣目 Ephemeroptera

蜉蝣目（Ephemeroptera），属节肢动物门（Arthroppda）六足亚门（Mandibulata）昆虫纲（Insecta）有翅亚纲（Petrygota）。

形态特征：稚虫体长一般不超过 10～15mm，是鱼类的天然饵料。

适宜环境：有些种类在水草中游泳，并能附生在水草上；有些种类在淤泥上爬行生活；有些种类具扁化的身体，栖息在清澈的急流中，藏在石头下生活。

北运河

2 扁蜉科

种拉丁名： *Heptageniidae*

识别特征： 身体各部扁平，背腹厚度明显小于身体的宽度；腹部 1 ～ 7 节具鳃；
足的关节为前后型；身体一般具黑色、褐色或红色的斑纹；2 根尾须。

扁蜉科 *Heptageniidae* **sp.**

3

四节蜉科

种拉丁名： *Baetidae*

识别特征： 身体大多呈流线形；身体背腹厚度大于身体宽度；触角长度大于头宽的 2 倍；腹部各节的侧后角延长成明显的尖锐突起；鳃一般 7 对，有时 5 对或 6 对，位于 1～7 腹节背侧面；2 根或 3 根尾丝，具有长而密的细毛

四节蜉科 *Baetidae* sp.

三、十足目 Decapoda

十足目（Decapoda），属节肢动物门（Arthroppda）甲壳亚门（Crustacea）软甲纲（Malacostraca）真软甲亚纲（Eumalacostraca）。

形态特征： 体分头、胸部及腹部。胸肢 8 对，前 3 对形成颚足，后 5 对变成步足。其包括各种虾类、寄居蟹类、蟹类。大多数种类发育过程中有明显变态，刚孵化的幼体是无节幼体或原溞状幼体。

适宜环境： 主要生活在海水，少数种类栖息于淡水，个别栖息于陆地。

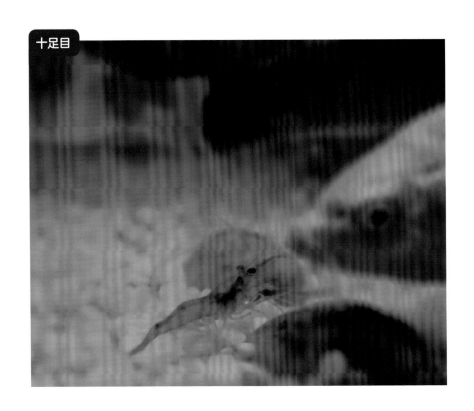

十足目

镜河

日本沼虾

种拉丁名： *Macrobrachium nipponense*

分　类： 长臂虾科 Palaemonidae

俗　称： 青虾、河虾

识别特征： 体形呈长圆筒形，成虾体长 3～8cm。体形粗短，分为头胸部与腹部两部分。头胸部比较粗大，往后渐次细小，腹部后半部显得更为狭小。头胸部各节愈合，头胸甲前端中央有一剑状突起称为额剑。身体由 20 个体节组成。体色呈青灰色并有棕色斑纹，随栖息环境而变化，水色清、透明度大，虾色较浅，呈半透明状；水体透明度小，虾色深。

生活习性： 喜欢生活在淡水湖泊、江河、水库、池塘、沟渠等水草丛生的缓流处，在冬季向深水处越冬，潜伏在洞穴、瓦块、石块、树枝或草丛中，活动力差，不吃食物。属杂食性动物，在不同的发育阶段，其食物组成不同。

适宜环境： 广温性动物，一般水温 8℃以下不摄食。对水中溶解氧要求较高。有较强的负趋光性，喜欢栖息于底质上。

日本沼虾（镜河，2020 年 6 月）

日本沼虾（镜河，2020年6月）

日本沼虾（镜河，2020年6月）

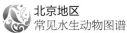
四、真瓣鳃目 Eulamellibranchia

真瓣鳃目（Eulamellibranchia），属软体动物门（Mollusca）瓣鳃纲（Lamellibranchia）。

形态特征：形状多样，绞合齿少或无，多具有大小相近的前后闭壳肌各 1 个，鳃的构造复杂。

蚬科（Corbiculidae），壳厚而坚，外形圆形或近三角形。壳面光泽，具同心圆的轮脉，黄褐色或棕褐色，壳内面白色或青紫色。铰合部有 3 枚主齿。足大，呈舌状。雌雄异体或同体。营底栖生活，栖息于咸淡水和淡水水域内。

5

闪蚬(xiǎn)

种拉丁名：*Corbicula nitens*

分　　类：蚬科 Corbiculidae

俗　　称：蚬子、蚬仔

识别特征：贝壳中等大，外形近卵圆形。壳质坚硬而薄。壳顶不太明显，位于贝壳近中央。前后端呈弧形。壳面黑褐色或黄褐色。壳表的生长纹细密。左右壳主齿各3枚，右壳前后侧齿各2枚，左壳前后侧齿各1枚。

闪蚬（沙河，2020年6月）

五、蚌目 Unionoida

蚌目（Unionoida），属软体动物门（Mollusca）双壳纲（Bivalvia）古异齿亚纲（Palaeoheterodonta）。

形态特征： 合部常具有拟主齿或铰合齿退化。

蚌科（Unionidae），壳形多变化，两壳相等，壳顶部刻纹常为同心圆形或折线形，但多少有些退化。铰合部变化大，有时具拟主齿。具1外韧带。鳃叶间隔膜完好，并与鳃丝平行排列，外鳃的外叶后部与外套膜愈合，有鳃水管。鳃与肛门的开口以隔膜完全区分。幼虫经过钩介虫期。

6
无齿蚌

种拉丁名：*Anodonta*

分　　类：蚌科 Unionodae

俗　　称：河蚌

识别特征：无齿蚌具有两瓣卵圆形外壳，左右同形。壳前端较圆，后端略呈截形，
　　　　　腹线弧形，背线平直。铰合部无齿。壳面生长线明显。足呈斧状，左
　　　　　右侧扁，富肌肉，位内脏团腹侧，向前下方伸出，为蚌的运动器官。

无齿蚌（官厅水库，2020 年 9 月）

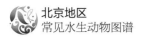
第三章　底栖动物

六、中腹足目 Mesogastropoda

中腹足目（Mesogastropoda），属软体动物门（Mollusca）腹足纲（Gastropoda）前鳃亚纲（Prosobranchia）。

形态特征：贝壳发达，贝壳的形状和花纹变化很大。壳口多为全口式。无珍珠层。口盖多为角质。神经系统较集中，有明显的嗅检器，大部分种类平衡器中仅有 1 个耳石。鳃 1 个，呈栉状。齿舌为纽舌型。

适宜环境：淡水群栖螺类，以宽大的腹足匍匐于水草上或爬行于水底，对环境的适应性强。

田螺科（Viviparidae），体大型，身体分为头部、足部、内脏囊、外套膜和贝壳五个部分。外形为圆锥形、塔圆锥形或陀螺形。壳面光滑，或有螺棱、色带、棘状或乳头状突起。

梨形环棱螺

种拉丁名： *Bellamya purificata*

分　类： 中腹足目 Mesogastropoda

俗　称： 螺蛳、豆螺蛳、石螺、湖螺、蜗螺牛

识别特征： 大型环棱螺，全体呈梨形。壳质坚实而厚。壳高可达 39mm，壳宽一般为 24～26mm。螺层自上而下缓慢增长，缝合线明显。壳塔呈宽圆锥形，壳顶尖，各螺层膨胀，体螺层尤为膨胀。壳表面黄绿色或黄褐色，略光滑。幼螺的螺棱上长有许多细毛。壳口呈卵圆形，常具有黑色框边。外唇简单，内唇肥厚，上方外折贴覆于体螺层上。

梨形环棱螺（镜河，2020 年 5 月）

第四章 浮 游 动 物

第
四
章

浮
游
动
物

　　浮游动物（Zooplankton），指一类漂浮的或游泳能力很弱的小型动物，本身不能制造有机物的异养型无脊椎动物和脊索动物幼体。它们或者完全没有游泳能力，或者游泳能力微弱，不能远距离的移动，也不足以抵抗水的流动力，需要使用显微镜进行观察。

　　淡水浮游动物主要包括轮虫、枝角类、桡足类和原生动物，以浮游植物为食，并为鱼类等提供饵料，在食物链中起承上启下的作用。本图谱收录轮虫、桡足类和原生动物15属22种，不做具体分类介绍，均取自镜河。

一、轮虫 Rotifer

轮虫（Rotifer），原腔动物门（Aschelminthes）轮虫纲（Rotifera），是近 2000 种微小无脊椎动物的统称。

形态特征: 形体微小，长度约 4 ～ 4000μm，多数在 500μm 左右。身体为长形，分头部、躯干和尾部。头部有一个由 1 ～ 2 圈纤毛组成的能转动的轮盘，形如车轮。躯干呈圆筒形，背腹扁宽，具刺或棘。尾部末端有分叉的趾，内有腺体分泌的黏液，借以固着在其他物体上。

宿轮虫属

属拉丁名： *Habrotrocha*

识别特征： 头冠的两个轮盘比较小。肠和胃由一个整块的合同细胞所组成，中间没有胃腔或消化管道。食物从咀嚼囊进入后，陷落在这一巨大的合同细胞的原生质中，形成许多类似食泡的小弹丸。小弹丸在循环流转的过程中进行消化与吸收。

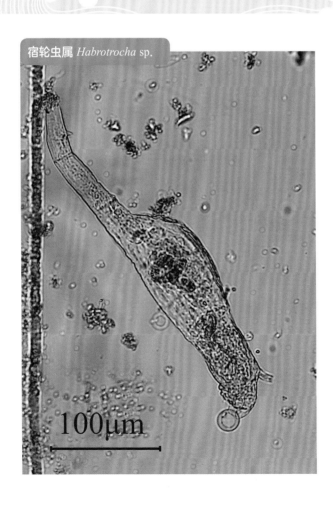

宿轮虫属 *Habrotrocha* sp.

100μm

2

旋轮虫属

属拉丁名：*Philodina*

识别特征：眼点 1 对，一般位于背触手之后的脑的背面，较大且显著。两眼点之间的距离比较宽。整个身体特别是躯干部分，比较粗壮。躯干和足之间没有明确的界限。吻比较短而阔。足末端的趾有 4 个。卵生。

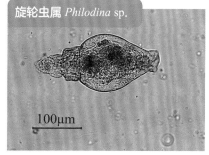

旋轮虫属 *Philodina* sp.

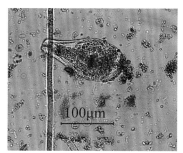

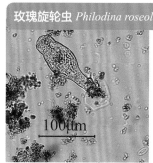

玫瑰旋轮虫 *Philodina roseola*

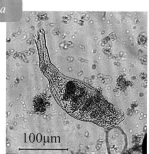

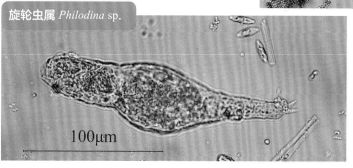

旋轮虫属 *Philodina* sp.

3 轮虫属

属拉丁名： *Rotaria*

识别特征： 眼点1对，位于背触手全面的吻部分。有的眼点的红色素会减退而消失。整个身体一般比旋轮虫属细而长，吻也比旋轮虫属长，而且会突出在头冠之上。足末端有趾3个。

橘色轮虫 *Rotaria citrina*

100μm

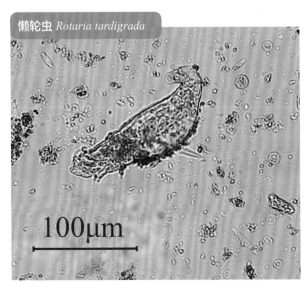

懒轮虫 *Rotaria tardigrada*

100μm

④ 三肢轮虫属

属拉丁名：*Filinia*

识别特征：身体具有 3 条长或短能动的棘或刚毛，2 条在前端，1 条在后端。

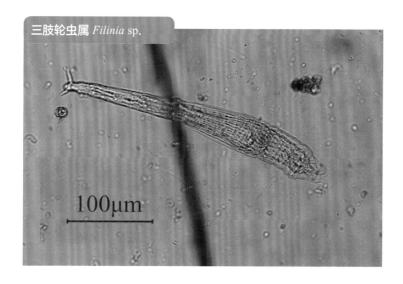

三肢轮虫属 *Filinia* sp.

100μm

5 多肢轮虫属

属拉丁名：*Polyarthra*

识别特征：身体具12条羽状（或剑状）刚毛，分4束，每束3条，背侧和腹面各2束。

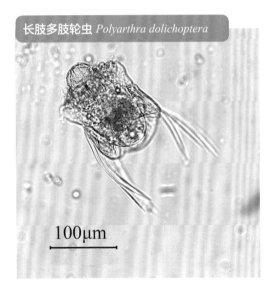

长肢多肢轮虫 *Polyarthra dolichoptera*

100μm

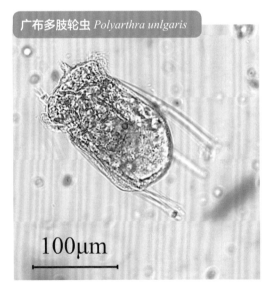

广布多肢轮虫 *Polyarthra unlgaris*

100μm

臂尾轮虫属

属拉丁名：*Brachionus*

识别特征：足长。有环纹可伸缩，呈蠕虫样，身体壮实。前端有 2 个、4 个、6 个棘；后端浑圆，角状或具 1～2 个棘。

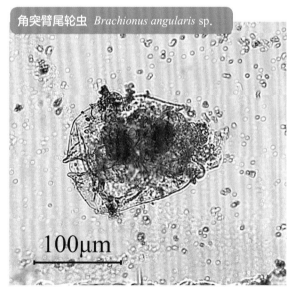

角突臂尾轮虫 *Brachionus angularis* sp.

100μm

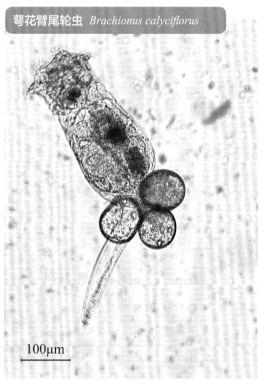

萼花臂尾轮虫 *Brachionus calyciflorus*

100μm

第四章　浮游动物

7 龟甲轮虫属

属拉丁名：*Keratella*

识别特征：被甲前端有 6 个对称棘状突起，有或没有后棘状突起。被甲背面具网状花纹，并隔成有规则的小块片。

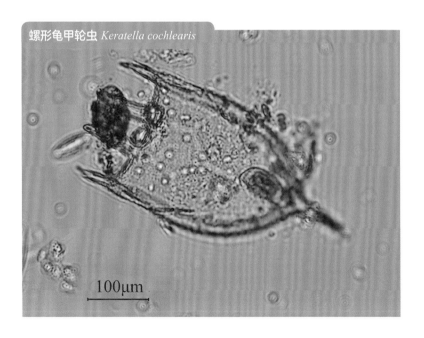

螺形龟甲轮虫 *Keratella cochlearis*

100μm

8

猪吻轮虫属

属拉丁名： *Dicranophorus*

识别特征： 身体纵长，呈纺锤形，皮层硬化，已部分形成被甲，有一显著的颈连接头和躯干两部，到了躯干后端而后尖削形成一很小倒圆锥形的足。足末端具有一趾。头冠呈卵圆形而完全面向腹面。口缘满布着短纤毛。善于游泳。

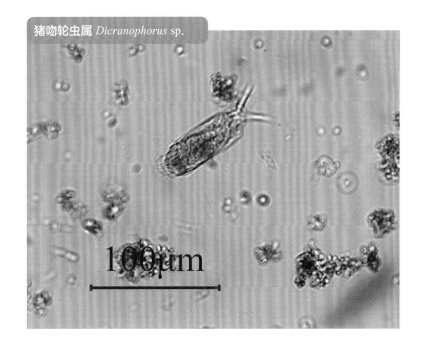

猪吻轮虫属 *Dicranophorus* sp.

100μm

腔轮虫属

属拉丁名： *Lecane*

识别特征： 被甲轮廓一般呈卵圆形，也有接近圆形或长圆形。背腹面扁平。整个被甲系一片背甲及一片腹甲在两侧和后端，为柔韧的薄膜联结形成。两侧和后端有侧沟及后侧沟的存在。足很短，一共分成 2 节，只有后面 1 节能动。2 个趾，趾比较长。

腔轮虫属 *Lecane* sp.

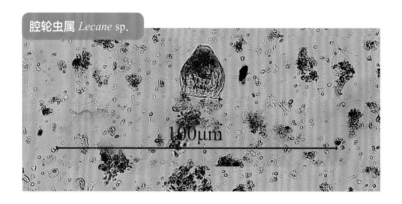

巨头轮虫属

属拉丁名：*Cephalodella*

识别特征：身体呈圆筒形、纺锤形或近似菱形。躯干部分通常皆被薄而柔韧光滑的皮甲所围裹。头和躯干之间有紧缩的颈圈，躯干和足之间的界限不明显。头冠除了一圈普通的围顶纤毛外，在两侧各有一束很密而较长的纤毛，作为浮游时的行动工具。口周围很少具有纤毛。

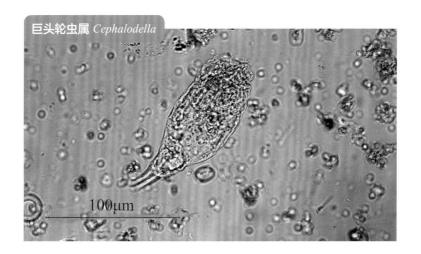

巨头轮虫属 *Cephalodella*

100μm

二、桡足类 Copepods

桡足类（Copepods），属节肢动物门（Arthroppda）甲壳纲（Crustacea），为一类小型甲壳动物，体长 0.3 ～ 3.0mm。

形态特征：虫体窄长，分节明显，体节数目不超过 11 节。虫体可分为较宽的头胸部和较窄的腹部。头部 1 个眼点、2 对触角和 3 对口器；胸部 5 对胸足；腹部无附肢。身体末端具 1 对尾叉。

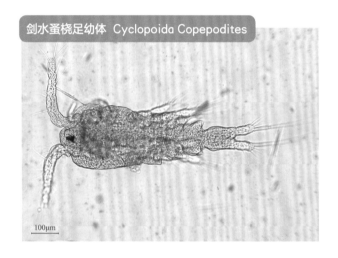

剑水蚤桡足幼体 Cyclopoida Copepodites

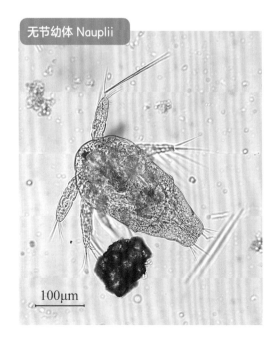

无节幼体 Nauplii

北运河

三、原生动物 Protozoa

　　原生动物（Protozoa），单细胞真核生物，能够运动，长约 10～200μm。

形态特征： 虽无器官，但细胞内有形态上的分化，形成能执行各种功能的各个部分，称为"胞器"或"类器官"。胞器的形状和机能各有不同，比如：用于运动的胞器有各种鞭毛、伪足、纤毛；用于营养的胞器有胞口、胞咽和食物泡；用于排泄废物或调节渗透压的胞器有伸缩泡等。

靴纤虫属

属拉丁名：*Cothurnia*

识别特征：鞘末有柄，鞘内虫体无柄或有柄。

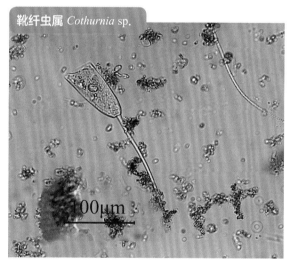

靴纤虫属 *Cothurnia* sp.

100μm

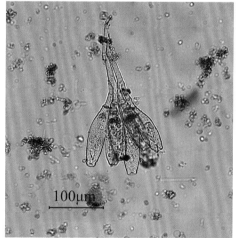

100μm

⑫ 小胸虫属

属拉丁名：*Microthorax*

识别特征：体型为不规则卵形或近似三角形。前端尖，后端钝圆而宽。扁平，体纤毛退化，腹面有3排纤毛。个别种类有刺突。胞口在腹面后部的浅穴。无胞咽管。大核1个。伸缩泡2个，前后并列。

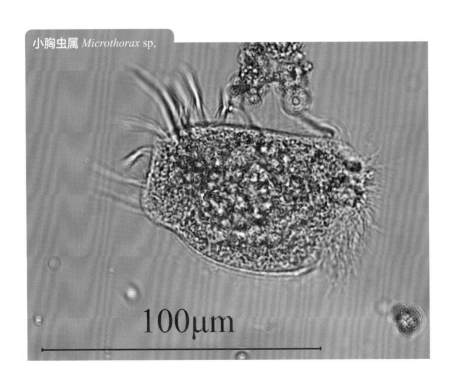

小胸虫属 *Microthorax* sp.

100μm

13

识别特征

属拉丁名：*Euplotes*

识别特征：体坚实，不弯曲。小膜口缘区非常宽阔。前触毛有 6 ～ 7 根，腹触毛 2 ～ 3 根，臀触毛 5 根，尾触毛 4 根。无缘触毛。大核 1 个，长带形。伸缩泡 1 个。

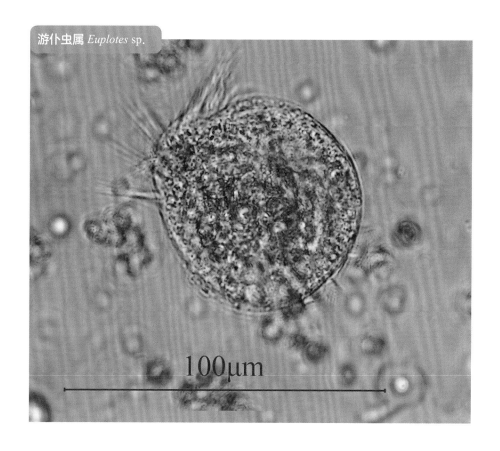

游仆虫属 *Euplotes* sp.

100μm

草履虫属

属拉丁名：*Paramecium*

识别特征：体大，呈履状。口沟发达，引入口腔。口腔内右边有 1 片口侧膜、1
片四分膜和 2 片波动咽膜。体纤毛均匀，外质有刺丝泡。具大核 1 个。
伸缩泡通常 2 个，周围有辐射管。

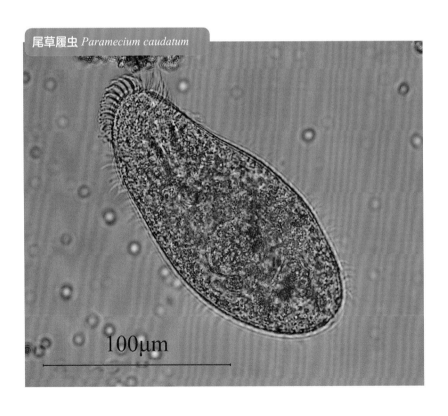

尾草履虫 *Paramecium caudatum*

100μm

15

鳞壳虫属

属拉丁名： *Euglypha*

识别特征： 壳透明，一般卵形或长卵形。壳除了由有机的几丁质组成的内层外，还有由自生质体构成的表层。自生质体是由椭圆形或圆形的硅质鳞片组成。有的种类壳体上装备有刺。伪足为丝状，往往相互交织如网。

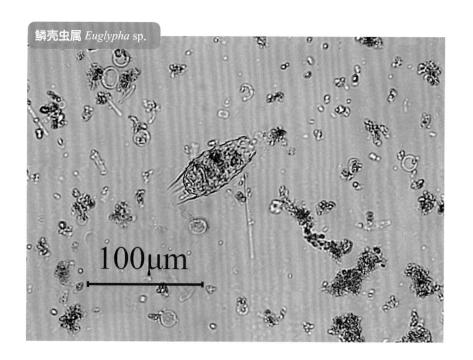

鳞壳虫属 *Euglypha* sp.

100μm

参 考 文 献

［1］ 曹玉萍，温振刚.白洋淀白鲦鱼的生物学研究［J］.河北大学学报(自然科学版)，1996(3)：
　　27-30.

［2］ 陈银瑞，杨君兴，周伟，崔桂华，匡溥人，王勇，王瑛，王聪.滇池红鳍原鲌生物学及
　　对太湖新银鱼渔业的影响［J］.动物学研究，1994（S1）：88-95.

［3］ 陈咏霞.我国鳅属及其邻近属鱼类的分类学整理和分子进化［D］.武汉：中国科学院研
　　究生院，2007.

［4］ 陈宜瑜，等.中国动物志·硬骨鱼纲·鲤形目 (中卷)［M］.北京：科学出版社,1998.

［5］ 褚新洛，郑葆珊，戴定远.中国动物志·硬骨鱼纲·鲇形目［M］.北京：科学出版社,1999.

［6］ 丁严冬，藏雪，张国松，汪亚媛，陈树桥，王佩佩，刘炜，周国勤，尹绍武.河川沙塘
　　鳢 4 个不同地理群体的形态差异分析［J］.海洋渔业，2015，37（1）：24-30.

［7］ 杜龙飞，徐建新，李彦彬，渠晓东，刘猛，张敏，余杨.北京市主要河流鱼类群落的空
　　间格局特征［J］.环境科学研究，2019，32（3）：447-457.

［8］ 杜昭宏，彭本初，刘海涛，郑水平，安明，王岂伟，安社平，张辉.岱海池沼公鱼的生
　　物学特性研究［J］.内蒙古农业科技，2001（6）：43-44.

［9］ 高武.北京地区两栖动物区系及生态分布［J］.北京师范学院学报(自然科学版)，1989(2)：
　　28-34.

［10］ 高武，陈卫.北京松山自然保护区两栖爬行动物调查报告［J］.北京师范学院学报（自
　　然科学版），1991（2）：42-44.

［11］ 高武，陈卫，傅必谦.北京的两栖爬行动物研究［J］.绿化与生活，2004（6）：43.

［12］ 耿龙，高春霞，韩婵，戴小杰，田芝清.淀山湖光泽黄颡鱼的生物学初步研究［J］.上
　　海海洋大学学报，2014，23（3）：435-440.

［13］ 胡庆杰.北京密云水库池沼公鱼自然繁殖情况调查［J］.水产科技情报，2001（6）：
　　269-271.

［14］ 黄艳飞，段国旗，彭林平.翘嘴鲌的资源现状和生物学特征综述［J］.安徽农业科学，

2019，47（19）：10-13.

［15］ 乐佩琦，等 . 中国动物志·硬骨鱼纲·鲤形目 (下卷)［M］. 北京 : 科学出版社 ,2000.

［16］ 李宝林，王玉亭 . 达赉湖的餐条鱼生物学［J］. 水产学杂志，1995（2）：46-49.

［17］ 李刚，王建波 . 波氏吻虾虎鱼的生物学特性及人工繁殖技术［J］. 科学养鱼，2016（11）：80-81，29.

［18］ 李思忠 . 浅议《中国动物志：硬骨鱼纲鲤形目》（中卷 ）［J］. 动物分类学报，2001（1）：115-118.

［19］ 李育培 . 高体鳑鲏的生物学特性及人工养殖技术［J］. 渔业致富指南，2013（5）：64-66.

［20］ 李宗栋 . 滇池红鳍原鲌年龄、生长、繁殖及食性研究［D］. 武汉：华中农业大学，2017.

［21］ 林峰，周岐海，范丽卿，张洁 . 麦穗鱼在中国入侵地和原产地的生物学特性比较［A］//中国生态学学会动物生态专业委员会、中国动物学会兽类学分会、中国野生动物保护协会科技委员会、国际动物学会、四川省动物学会 . 第十三届全国野生动物生态与资源保护学术研讨会暨第六届中国西部动物学学术研讨会论文摘要集［C］. 2017：1.

［22］ 林植华，雷焕宗，陈利丽，樊晓丽，鲍正华，高炳让 . 棒花鱼形态特征的两性异形和雌性个体生育力［J］. 四川动物，2007（4）：910-913.

［23］ 刘建康 . 高级水生生物学［M］. 北京：科学出版社，1999.

［24］ 刘学谦 . 泥鳅的生理生态特性［J］. 水产科技情报，1981（2）：26-27.

［25］ 乔淑芬，王红蕾，赵玉敏，何晓燕 . 中华大蟾蜍生物学特征及实际应用价值［J］. 通化师范学院学报，2007（12）：38-40.

［26］ 饶发祥 . 鲶鱼种类及其生物学特性［J］. 北京水产，1994（Z1）：17-18.

［27］ 孙帼英，郭学彦 . 太湖河川沙塘鳢的生物学研究［J］. 水产学报，1996（3）：2-11.

［28］ 王权，王建国，黄爱军，封琦，朱光来，陈小江，熊良伟，朱云干，陆宏达 . 中华鳑鲏产卵时对河蚌大小的选择研究［J］. 上海海洋大学学报，2013，22（4）：559-562.

［29］ 王晓刚，严忠民 . 河道汇流口水力特性对鱼类栖息地的影响［J］. 天津大学学报，2008（2）：204-208.

［30］ 王明华，钟立强，蔡永祥，陈友明，秦钦，张彤晴，潘建林，陈校辉 . 黄颡鱼形态性状对体重的影响效果分析［J］. 浙江海洋学院学报（自然科学版），2014，33（1）：41-46.

［31］ 王雅平 . 麦穗鱼（Pseudorasbora parva）的生长特性和食性特征研究［D］. 信阳：信阳师范学院，2016.

［32］ 王永梅，唐文乔 . 中国鲤形目鱼类的脊椎骨数及其生态适应性［J］. 动物学杂志，2014，49（1）：1-12.

［33］ 王元军 . 基于判别分析的泥鳅和大鳞副泥鳅识别［J］. 安徽农业科学，2008（2）：564，568.

［34］谢增兰，郭延蜀，胡锦矗，张孝春，张勤.高体鳑鲏的生态生物学及个体发育研究初报
　　　［A］// 四川省动物学会.四川省动物学会第八次会员代表大会暨第九次学术年会论文集
　　　［C］.四川省动物学会，2004：1.

［35］熊美华.长江五种鲤科鱼类早期形态发育与生长［D］.武汉：中国科学院研究生院（水
　　　生生物研究所），2006.

［36］徐东坡，凡迎春，周彦锋，陈永进，刘凯.太湖鳑鲏亚科鱼类群落结构及其时空变动［J］.
　　　上海海洋大学学报，2018，27（1）：115-125.

［37］徐田振.基于形态学的珠江流域鱼类空间适应性研究［D］.上海：上海海洋大学，2018.

［38］易伯鲁.黄黝鱼属的种类及其两性异形［J］.华中农学院学报，1982（3）：70-77.

［39］张春光，赵亚辉.北京及其邻近地区的鱼类——物种多样性、资源评价和原色图谱［M］.
　　　北京：科学出版社，2013.

［40］张春光，赵亚辉，邢迎春，郭瑞禄，张清，冯云，樊恩源.北京及其邻近地区野生鱼类
　　　物种多样性及其资源保育［J］.生物多样性，2011，19（5）：597-604.

［41］张宏叶，陈树桥，王涛，周国勤，尹绍武.河川沙塘鳢的形态指标体系及雌雄差异分析［J］.
　　　江苏农业科学，2018，46（6）：138-142.

［42］张慧，谢松，李丽君，黄宝生.白洋淀中华鳑鲏的生物学特性［J］.河北渔业，2010（4）：4-6.

［43］张世义，伍玉明.水环境质量的常见指示鱼类［J］.生物学通报，2005（4）：25-27.

［44］赵朝阳，姜彦钟，方秀珍，周鑫.鳑鲏的生物学特性及观赏价值［J］.生物学通报，
　　　2010，45（4）：7-9.

［45］赵永军，徐文彦，张慧.鳜、鳢、鳡、鲶的生态习性［J］.水产科学，2004（6）：26-27.

［46］郑新.中国子陵吻虾虎鱼和小黄黝鱼的种群结构及遗传多样性分析［D］.上海：上海海
　　　洋大学，2016.

［47］周材权，邓其祥，任丽萍，胡锦矗.棒花鱼的生物学研究［J］.四川师范学院学报（自
　　　然科学版），1998（3）：3-5.

［48］周灿，祝茜，程鹏，熊玉宇，谭德清.金沙江攀枝花江段棒花鱼的生物学［J］.动物学报，
　　　2008（2）：218-224.

［49］周凤霞，陈剑虹.淡水微型生物与底栖动物［M］.北京：化学工业出版社，2011.

参考文献